DISCOVRS SVR LA VEGETATION DES PLANTES,

Fait par le Cheualier DIGBY, le 23. Ianuier 1660.

En preſence de Meſſieurs de l'Academie Royale d'Angleterre, où il montre la methode qu'il faut tenir pour bien cultiuer la Phyſique; enſemble l'vtilité de pluſieurs Expeiences tres-curieuſes ſur ce ſujet.

TRADVCTION FRANÇOISE·

A PARIS,

Chez la veuve MORT, au bas de la rüe de la Harpe, proche le Pont Saint Michel, à Saint Alexis.

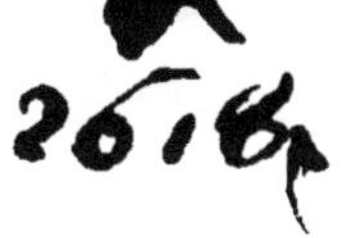

M. DC. LXVII.

Auec Priuilege du Roy.

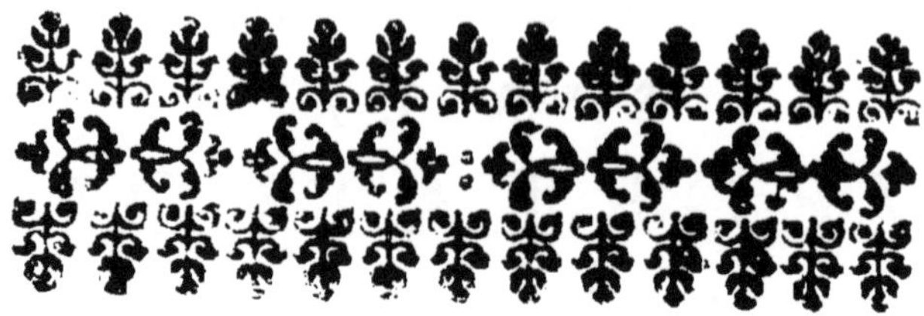

A

MONSEIGNEUR

LE

DAUPHIN

MONSEIGNEUR,

C'est toujours avoir été soûtenu
dans une Royale Académie,
pour y prendre naissance, &c.

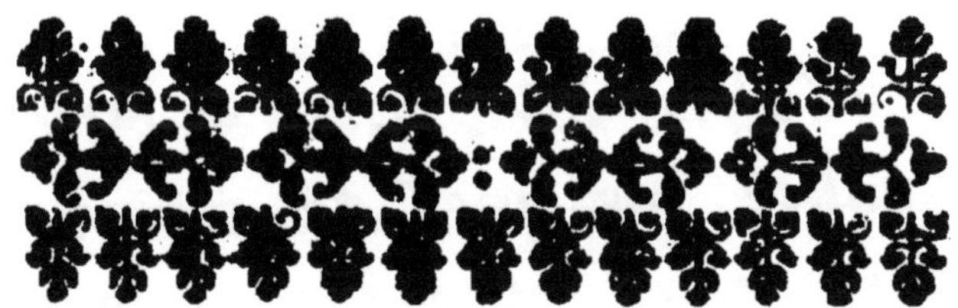

A
MONSEIGNEVR
LE
DAVPHIN.

MONSEIGNEVR,

Ce discours ayant esté conceu
dans vne Royale Academie,
pour y prendre naissance , j'ay

EPISTRE.

deu l'offrir à V. A. R. en cette
qualité, puis que l'Art des mysteres nous apprend que ce qui
a symbole passe tousjours de
l'vn à l'autre. Je n'aurois oZé
toutesfois ambitionner l'honneur de le faire, si le fauorable pretexte de voStre âge n'a-
xois encore secondé les efforts
de ma plume ; parce que voStre
diuin ESprit , qnoy qu'il ne
soit encore qu'à l'horison de sa
force , éclate neantmoins de si
haut, & sçait desja si bien di-
stinguer le prix des choses, que
dans quelques jours les chefs-
d'œuures mesmes à peine seront
dignes de son approbation , &

pourront en souffrir l'extreme
Cette rare & merueilleuse
intelligence... MONSEI-
GNEUR me faict dire, en
son nom, que vous estes un Ange Couronné, & que le Ciel
vous ayant fait prendre Naissance d'un Roy tres-puissant,
tres-sage, & tres-Chrestien,
il apprend que le nom de vostre
Pere, & celuy de TROIS-
FOIS-GRAND, ainsi,
que le Mystere de la Trinité
regne en vostre auguste Personne, et par consequent, qu'il
faut dire de Vous... ce que
l'Escriture dit de cet Ange,
qu'Israël deuoit craindre, &

EPISTRE.

redouter , parce que le nom
de Dieu estoit en luy : Aussi
le ternaire de vos Armes
vous ayant esté donné d'en-
haut , monstre assez combien
le Ciel fauorise les Lys , puis
qu'il ne les a plantez sur l'a-
zur que pour en monstrer la
puyssance par sympathie ; &
c'est delà que ce nom seul de
Lys ou de Louïs porte la ter-
reur, car comme il est venu du
Ciel, il n'a rien en soy que de
diuin ; D'où vient que la
Puissance , la Sagesse , &
la Pieté de nos Monarques
sont les Titres immortels de
leur Grandeur , & font,

EPISTRE.

MONSEIGNEVR, que vous voyans heriter de ces augustes qualitez, ainsi qu'à fait nostre Monarque vostre Pere, La France verra regner en Vous, comme elle voit regner en Luy, CESAR dessous les Armes, SALOMON sur le Thrône, & DAVID dans le Temple ; & ce d'autant mieux que par l'instruction & les soins de ce tres-illustre & sçauant Genie qui vous instruit, Vous apprendrés de bonne heure cet Art secret, par qui ces grands Heros, suiuant leurs qualitez, sont paruenus au comble

de la Gloire; mais je dois ici
changer de termes, et vous
dire d'ailleurs que ce Livre
traite de la Vegetation des
Plantes, et que l'ayant tra-
duit en François, ou plustost
l'ayant fait passer d'un Païs
étranger en France, il a eu
besoin d'un Soleil pour y
faire éclorre ses Fleurs, et
multiplier ses semences. Or,
MONSEIGNEUR,
puisque vous estes un Soleil
en Terre, je veux dire le Fils
aisné du plus grand Roy du
Monde, et que tenant les Lys
et les Lauriers en main vous
les faites si bien fleurir, Qu'

EPISTRE.

pouuoit-il trouuer un Soleil
plus fauorable, plus magnifi-
que, & plus brillant que
vous mesme? De plus, lors
que l'Auteur y fait voir
l'experience admirable de ce
qu'on appelle, Palingenesis,
ou renaiſſance des choſes,
n'ay-je pas dû pareillement
l'offrir à V. A. R.? puiſque
nôtre grand Monarque fait renaiſtre en vous cette grande &
premiere Sophie des belles ames,
qui brille en luy, & à qui l'a-
mour qu'il a pour vous & pour
elle, fait ériger des Areopages
& des Temples, pour mon-
trer qu'il vous la veut laiſſer en

EPISTRE.

partage, afin qu'en imitant sa
valeur. & sa prudence, l'on
die de vous, comme de luy,
que vous viuez pour estre, ou
la Science des Monarques, ou
le Monarque des Sciences;
& qu'enfin sous le regne de
LOVIS le Trois - Fois-
Grand, l'on va voir toute l'an-
tiquité renaître, c'est à dire que
tous ces precieux & riches tre-
sors des Sciences & des Arts,
que l'ignorance & l'erreur a-
uoient enseuelis dans leurs tenebres, vont reprendre le jour,
& faisant le plus beau de ses
conquestes vont faire éclater
par tout ses victoires & ses

ÉPITRE

[...] les plus fourny des brillants
[...] la Science des
Trônes [...] par là son lus-
[...] cessant de fleurir, per-
[...] étant plus resté
[...] pour en renouveller
[...] qui est le
[...] Trésors [...]
[...] la vérité [...] il est la
[...] sans Diadème
mais il a [...] mettre [...]
[...] sur le Trône ces prod[...]

EPISTRE.

fondes & sublimes Sciences de
Tharsis ; & parce que les Lys
sont cultiués & arrousés des
mesmes eaux qui font la source
de ses clartés ; & qu'au rapport de tous les Sages , les
Astres ne donnent des formes,
que suiuant la Noblesse de la
matiere ; Il les a choisy pour
estre l'Hieroglyphique de ce
mystere ; aussi ne vous a-t'il
fait naistre d'vn DIEV-
DONNE', que pour mon-
trer que vous aués été conçeu
dans les plus hautes & les
plus secretes Ecoles de l'Em-
pyrée, poury estre nourri ; afin
que si vous témoignés par là,

que

EPISTRE.

que le Ciel vous a fait naiſtre
d'vn pere auſſi ſçauant que re-
doutable, vous témoigniés encore auec luy que les Royales
qualités dont il vous a reuêtu,
ſont le veritable ornement &
le ſeul maintien des Thrônes
& des Sceptres ; de plus, que
cette antique & diuine Sageſ-
ſe des Herôs emprunte ſes connoiſſances du Ciel intericur &
ſupréme, & par conſequent
que les Roys & les Sages en
doiuent être ſeuls les dignes
interpretes. D'ailleurs, ce diſcours ne s'addreſſe-t'il pas
encore à Voſtre Alteſſe Royale
par la méme voye de ſympa-

thie? puifque vôtre belle ame
vous fait briller aujourd'huy
comme un Phœnix, mais un
Phœnix qui vit & renaist des
purs feux de cet aimable &
diuin Soleil, nôtre Monarque, vôtre pere, & qui bien-
tost en redoublera si fort l'ar-
deur, que l'Aigle même n'en
pourra soûtenir l'éclat, & il
est à craindre, qu'en appro-
chant ses feux, il n'y bruste
ses aistes. Enfin, lors que par
les soins, dis-ie, de ce grand
Genie, qui vous cultiue l'esprit, vous étudiés pour aspirer
& paruenir à cette triple Mo-
narchie des Sciences, qui est

EPISTRE.

dite des Sages, La Science
des Monarques ou des Con-
querans ; & lors qu'on vous
entend dés-ja proferer des Ora-
cles au milieu des Sages de
vos secrets conseils ; ie dois
vous dire en dernier lieu, que
le Ciel fera toûjours croître
les Lys parmi les Lauriers
d'Alexandre & d'Apollon,
pour nous témoigner que vos
Armes fleuriront toûjours, &
regneront sur tous les Em-
pires de la Terre , & que
si les Muses ne vont jamais
sans les Graces , les Muses,
& les Graces ne vont ia-
mais sans les Lys , & par

EPISTRE.

ainſi que ie ſuis tres-heureux
d'être né pour mourir.

MONSEIGNEVR,

De V. A. R.

Le tres-humble, tres-
obeïſſant & tres-fidele
ſujet & ſeruiteur,
P. De Trehan.

E. en Medecine

DE LA
VEGETATION
DES PLANTES.

E ſujet dont ie dois vous entretenir, MESSIEVRS, eſt d'vne ſi longue éten-duë, & il contient en ſoy tant de miſteres cachés, qu'il me ſera bien difficile de ſatisfaire entieremét à vos curioſités, ſans eſtre obligé de prolonger mon diſcours au delà du temps que cette Illuſtre Academie à preſcrit à vn chacun pour parler; ce que ie ne feray pourtant pas, puiſque ce ſeroit abuſer de l'honneur de vos attentions; auſſi deués vous croire iuſte-

A

ment, que ie n'ay entrepris de pa-
roiſtre deuant vous, qu'apres auoir
fait vne ſerieuſe reflection ſur les
profonds objects de cette impor-
tante matiere qui produit tous les
jours de ſon vnique ſein m:l eſpe-
ces diuerſes, par vn ſeul & meſme
moyen : en effet ſi i'auois à vous
demonſtrer exactement les cauſes
immediates de la VEGETATION
DES PLANTES , il me faudroit
auparauãt examiner ce que c'eſt,
& comment ſe fait la Rarefaction
& condenſation, la Nutrition &
l'aſſimilation , & enfin les autres
voyes dont la nature ſe ſert pour
paruenir au termes de ſes operations. Ce qu'ayant accompli d'v-
ne part, & fait voir de l'autre en
quoy conſiſte la vie & la mort du
vegetable ; je veux enſuite trauailler à reparer le defaut de quelqu'vn qui ſeroit languiſſant , &
reproduire celuy qui ſeroit mort,
& par ce moyen entrer à voiles

d'esployées, pour ainſi dire, dans
cette mer d'obſcurité, & profond
fleuue d'oubli , pour découurir
parmi les tenebres du tombeau,
quel eſt ce Soleil inconnu qui fait
renaiſtre l'aurore de la reſurrection de ces corps, qui ſont tous
diſſipez & reduits en poudre par
la force du temps ; enſemble de
conſiderer par quel moyen l'on
peut continuër, disje, ou reproduire la meſme indiuiduation de
ce corps, qui par pluſieurs alte-
rations & transformations aura
perdu ſon eſtre , & ſera dépoüillé
de ſes premieres figures , ainſi
qu'on remarque tous les iours,
tant chez l'art que dans la nature:
Cependant ſi quelqu'vn vouloit
entreprendre toutes ces choſes
pour les traiter à fonds, il ne ſe
rendroit pas moins ridicule, que
celuy qui voulant voyager par
tout l'Vniuers, & viſiter l'vn &
l'autre Pole, voudroit auſſi pour

vn si grand dessein, se mettre én
mer dans une petite Barque: Il est
vray d'ailleurs que comme à l'occasion que nostre Docteur Go-
douïn a si amplement parlé de la
VEGETATION DES PLANTES,
à la demande de l'a ordonné Monseigneur le Directeur; Il vous a
pleu me donner la commission de
vous entretenir sur ces mesme
choses; Donc pour vous rendre de mon obeïs-
sance, ie vous annonceray en détail ce qu'il y a de plus specieux
dans la nature, afin qu'y
dirigent les yeux, comme font
les Nautonniers vers l'Estoile du
Pole; Ceux dont la noble occu-
pation les attache à la recherche
des effects de la nature par celles de
leurs causes, puissent aisémét conduire à leurs vsages & à leur fin,
l'vsage qu'ils en feront par l'experience que l'on peut appeller en
ce cas Dissection de la Nature;
& aux autres experiences & matie-

pas, ie vous exposeray seulement dans ce Discours vn rude exemplaire, lequel neantmoins sera décrit par des regles si naturelles, & si certaines, que vous n'aurez aucune occasion de douter des admirables & surprenans effets de la nature, touchant ce qu'on appelle *Palingenesis* ; ou reproduction des Estres.

Commençons donc en détail à considerer quelle est la meilleure forme, ou figure, qui necessairement doit paroistre la premiere apres la transmutation du grain, ou de ses parties, ou quel nouuel estre doit resulter de iour en iour de la composition immediate, & precedente, qui aura la mesme temperature, & qui estant doüée des mesmes qualitez, sera suiuie des mesmes accidens: & pour lors nous conclurons qu'il ne se peut faire, que nulle autre chose imaginable se puisse produire des principes & circonstances cy-desus, que celle que la nature a tirée de son sein par le mesme moyen qu'elle l'y a conçeu ; & combien que la semence soit quelque chose de fort éloignée de la nature de l'Arbre ou de la Plante qu'elle produit ; neantmoins de cette consideration que nous en ferons, il nous sera manifeste que tant que l'eau est humide d'vne part, que le feu brûle, que la terre donne aux corps fluides sa consistence & solidité, que l'air fait croistre & meurir les choses qu'il contient & conserue ; Enfin tant que la nature se maintient dans son estat, & nous fait voir le cours ordinaire de ses actions, dont nous sommes témoins, & que nous pouuons aisement comprendre, il est impossible que la nature puisse produire autre chose, par exemple, d'vn gland dur & desseiché, sinon vn grand & spacieux

chefne , ou de quelque plante
femblable , comme d'vne féve, finon vne tendre , longue & verdoyante plante, qu'on voit apres
par la fuitte du temps augmenter
de maffe, & fe reueftir de fleurs, de
feüilles, de boutons, & de fruits,
toutes lefquelles chofes n'ont aucun rapport à ce grain, disje, dur
& fec, qu'on auoit n'agueres con-
fié à la terre pour en difpofer ainfi ; prenons donc, Meffieurs , la
féve pour fujet , & commençons par elle nos Obferuations.

Cette fubftance raboteufe &
compacte ayant efté depofée dans
vne terre humide, au temps que
le Soleil, (ce grand Archée , &
vray feu de la Nature) s'approche
de noftre folftice, & commence à
faire groffir & fublimer vers la
furface de la terre, ce Sel-Balfa-
mique & Volatil , qui par l'ab-
fence du Soleil durant l'Hyuer,

demeuroit comme engourdy, &
preſſé vers le centre de cette meſme terre, cette plante, disje, doit
attirer cette humidité ſalée qui
l'enuironne, & qui fait effort pour
s'vnir par voye de ſympathie, à
cet autre Sel-Balſamique, qu'elle
cache dans ſon ſein, pour luy ſer-
uir d'augmentation & de nourriture, alors de cette immediate
humectation qui ſe fait de cette
féve, ou de ce gland; il s'enſuit
neceſſairement vne fermentation,
auec intumeſcence, qui font l'ac-
croiſſement des choſes; car la
ſubſtance de l'eau venant à s'inſi-
nüer dans celle du grain) lequel
on met dans l'eau pour l'hume-
ĉter) alors ces deux ſubſtances
font vne maſſe plus grande, &
pour ce, demandent neceſſairement vn plus grand eſpace que
celuy que l'vne & l'autre pou-
uoyent occuper auparauant; & il

s'enfuit delà, que l'écorce, ou la
peau qui enuelopoit la chair, ou
la subſtance de la féve, pour la
conſeruer des accidens eſtranges,
ſe rompt & ſe creue neceſſairement pour procurer vne voye libre à la dilatation du corps qui ſe
gonfle & ſe groſſit: Or dé ce qu'a-
pres auoir donné lieu à la nature
de parfaire telles actions, qui ſont
abſolument neceſſaires dans ces
ſortes de circonſtances; (car auparauant elle en eſtoit empeſchée
par la dureté, ſeichereſſe & froideur de la plante) elle ſuit alors
par ſon propre effort & mouuement, l'ordre qui luy eſt preſcrit
par l'Autheur de toutes choſes,
pour conduire ſes ouurages à leur
perfection. Et ſi nous faiſons reflexion ſur la maniere d'agir que
la nature exerce enuers ce petit
corps, nous y pourrons remarquer
le pareil deſtin qui menace certains politiques, qui (ſe voyans

ſujets, doiuent par conſequent
obeïr) ſont paruenus au ſupreme
degré des grandeurs ; car alors
chacun ſe flattant de ſa bonne for-
tune, & ſuiuant la pente de ſon
inclination criminelle : Il arriue
que toute leur œconomie ſe tour-
ne en confuſion, & la choſe ſur
qui chacun d'iceux vouloit vſur-
per l'Empire, à la faueur de quelque trouble & ſedition, ſe change
& tombe en ruine, ſi quelque Superieur ingenieux n'interuient,
comme en ce temps il eſt arriué à
noſtre nation malheureuſe, & ſuiuant le dire du Poëte,

Eſt enuoyé pour ſecourir,
Ce ſiecle qui s'en va perir.

Il arriuera de plus à noſtre tige
ou plante lors qu'elle s'enfle &
s'acroiſt, ayant rompu ſes liens
& ſa priſon, que ſes parties ignées
tâcheront de s'éleuer par deſſus
les aqueuſes ; & celles-cy appel-
lant à leurs ſecours d'autres qui

font froides & feiches , feront
alors vne forte de violente agitation par toute la maffe , en agitant
& pouffant l'vne contre l'autre: ce mouuement interieur fera
beaucoup plus dilater la maffe &
le corps de la plante par cette acti-
ue chaleur , qu'il ne faifoit pas
par la fimple & premiere humectation qui s'en faifoit ; car comme le propre du feu dans fon
action naturelle , confifte en ce
que de toutes parts il s'élance de
fon centre en façon d'vn Torrent
d'Atomes , tres-fubtils & rare-
fiez , lefquels entrainent auec eux
vne autre fuitte de certains Atômes vifqueux & humides , d'où il
s'enfuit neceffairement qu'il leur
faut vne plus grande place, qu'ils
ne poffedoient au premier terme
de leur fortie , afin que par ce
moyen l'accroiffement fe puiffe
accomplir.

Iufques icy nous n'auons enco-

re parlé que de l'effet de la fermentation, que fi elle fe faifoit fi
brufquement, en forte que les
parties Celeftes & Spirituelles fe
viffent tout-à-fait feparées des
vifqueufes, & humides, il arriue-
roit foudain vne totalle putrefa-
ction & diffolution du tout: Mais
au contraire, fi chaque chofe garde fon ordre & fe conferue dans
les bornes conuenables, alors le
corps de la plante, en qui fe fait
deüement la fermentation fufdi-
te, fe voit mis dans vn plus noble
eftat, & fes feux fpirituels, ou fes
efprits ignées fe mettēt en action,
& entrent en poffeffion de leur
propre ; c'eft-à-dire, acquierent
la vertu qui leur eft effentielle; &
en ce qui regarde les parties groffieres, infipides & terreftres, elles
font feparées des autres, comme
inutilles, & ne pouuant entrer en
la fubftance du mixte. Mais Meffieurs, vous ne deuez pas efperer

de

que ie vous puiſſe expliquer la fermentation dans toute la doctrine
q e ſon eſſence renferme, parce
que nous deuós ſçauoir qu'eſtant
vn des plus nobles & des plus im-
portans ouurages de la nature, &
qu'eſtant meſme le reſſort & la
clef qui nous ouurent la connoiſ-
ſance de toutes les operations &
changemens qui ſe font ſous le
Soleil; cette matiere demande vn
traité particulier, lequel eſt aſſez
ample de ſoy pour occuper vn
long-temps l'eſprit d'vn beau genie. Celuy qui voudra contépler
ces choſes, trouuera facilement
qu'il ne ſuruient point de maladie
en tout le corps humain, qu'elle
n'emprunte ſon origine de quelque maligne fermentation, laquelle ſuruient ſubitement, & par
violence. ce qui fait d'vne part
que les humeurs fermentées vien-
nent à ſe preſſer, & ne peuuent ſe
contenir dans leurs propres Vaiſ-

B

feaux, & ce qui fait d'ailleurs que
la fermentation continuë tousjours ; en forte que les efprits
s'exhalent , & par ce moyen
difpofent la maffe à fe putre-
fier . & corrompre , d'où enfin
la mort qui eft la diffolution effentielle du compofé, s'enfuit neceffairement ; celui-là mefme au
contraire trouuera que l'vnique
guerifon des maladies procede,
de ce que la fermentation eft ré-
tablie dans fon premier eftat, afin
que tout ce qui fe rencontroit de
nuifible au compofé, fuft chaffé
dehors, & mefme de ce que la
fermentation , quelquefois apres
auoir efté par trop precipitée,
vient à digerer toutes ces vio-
lentes motions , & du trouble
qu'elle caufoit, en fait vn tran-
quille & parfait repos; mais enfin
(craignant de vous eftre ennuyeux par ces difgreffions) l'on ef-
prouuera que toutefois & quan-

tes , que la nature trauaille à cor-
riger & rétablir vn corps en ſa
pureté , ſon premier effort tend à
diſſoudre & fermenter la partie,
ou le tout en ſes premieres & plus
conuenables liqueurs , afin que
chaque autre partie eſſentielle
puiſſe eſtre ſeparée de ſa voiſine,
qui luy eſt heterogene , & delà,
paſſer dans vn plus noble eſtat,
que celuy dans lequel elle ſe
voyoit engagée ; enfin s'eſtant
reünie à ſes ſemblables , apres
auoir abandonné les impuretez
incorrigibles des parties groſſieres, elles font toutes enſemble
vne ſocieté tres parfaite, d'où re-
ſulte cette belle harmonie de la
vie, & d'vne parfaite ſanté. C'eſt
par ce meſme moyen que la terre
impure, meſlée auec vn eau Celeſte , ſe conuertit en vne nature
tranſparente & Cryſtalline , &
l'Or ſemblablement en vne de
ces pierres precieuſes , qui font

les fondemens de la Sainte & Celefte Ierufalem , ainfi qu'il eft
écrit en l'Apocalypfe ; fais en
forte feulement de trouuer le propre & naturel menftrue, dans qui
l'vn & l'autre fe puiffe effentiel-
lement & radicallement diffou-
dre, il fera facile apres de voir
l'effet de cet ouurage fecret. Mais
il eft neceffaire de décrire icy
comment croift noftre dite féve.
Permettez - moy toutesfois de
vous dire que fi quelqu'vn à fçeu
comprendre ce que je viens d'a-
uancer, il peut fçauoir delà, que
la reguliere & naturelle operation, tant de l'vn que de l'autre,
eft également facile. Cependant,
quant à noftre féve, combien que
l'irruption & le torrent de fes
parties vifqueufes fe portent de
toutes parts, fuiuant la nature &
le mouuement du feu , qui de fon
centre rejaillit également en toute
la circonference de la Sphere de

son actiuité, neantmoins cet élancement d'esprits ignées se portera
pluſtoſt en ligne droite vers l'air
d'en haut, que non de trauers, ou
en bas, d'autant qu'il trouue
moins de reſiſtance vers cet en-
droit, qu'en tout autre : Car du
coſté d'en bas, la terre ſe trouue
plus compacte que du coſté d'en
haut, qui couure la féve ; de
plus, pour rendre la terre plus
mobile & poreuſe, on a couſtu-
me de la mouuoir, & ſouleuer en
ſa ſurface, d'ailleurs depuis la féve iuſques au centre de la terre, il
s'en trouue vne immenſe quantité, & cette terre eſt plus épaiſſe
& moins penetrable, tant plus
vous deſcendez en auant ; au contraire, depuis la féve iuſqu'à la
ſurface de la terre, l'eſpace eſt
fort petit, & ne s'y rencontrent
aucuns obſtacles, dautant que le
Soleil, la Roſée, l'Air, & la Pluïe
inceſſamment l'agitent, & la

meuuent pour la rendre legere &
fpongieufe : Doncques le cours
de ces écoulemés d'efprits ignées
& vifqueux tout enfemble , eft
bien plus grand & plus prompt en
haut vers le Ciel qu'en bas , ou a
cofté , lefquels écoulemens d'efprits venans à fortir de leur centre , & fentir l'air froid de toutes
parts , alors ils fe refferrent & fe
preffant mutuellement , ils font
d'ordinaire vne figure laquelle eft
plus propre pour refifter aux af-
fauts de cet inuifible ennemy , &
cette figure eft la ronde ou circulaire ; car comme cet air circon-
uoifin , (phyfiquement parlant)
venant à réünir & ramaffer cette
troupe d'efprits fufdits , il les reduit en vn tres - petit efpace ;
(affez grand toutefois pour ne les
y pas contraindre) & comme la
figure circulaire eft reconnuë la
plus eftenduë de toutes, ce mefme air froid , en condenfant cet

amas d'atômes, les reduit en figure ronde, de forte que beaucoup de matiere peut occuper vn
affez petit lieu.

Cependant ces débordemens
d'efprits, qui du cœur ouuert de
cette féve, s'écoulent tant en bas
qu'à cofté, ne font pas inutils,
encore bien qu'ils ne foient pas
fi vifs & fi actifs que ceux qui fe
portent en haut vers le Ciel ; or
ces parties ou Atômes montans
& defcendans, & tirans à cofté,
lors qu'ils fortent de la maffe,
qui pour lors fe fermente, ont
difje leurs differences, en ce que
ceux qui montent, font chauds,
humides, Celeftes & Spirituels,
& confequemment tres mols &
verdoyans ; ceux qui defcendent
& ceux qui montent à cofté, font
plus fecs retreftres & froids , &
par ainfi durs , afpres & blanchâ-
tres, defquels mefme la rudeffe
& afpreté s'augmente , dautant

que ces parties font froiſſées &
empraintes par la terre, & c'eſt
de cette maniere que la Racine ſe
forme, laquelle attirant & ſuçant
continuellement cette liqueur
balſamique, que l'humidité de la
terre qui l'enuironne luy fournit,
elle en arrouſe & abbreuue la tige qu'elle porte, & par meſme
moyen luy enuoye ſa chaleur cen-
tralle, pour digerer & ſublimer
tout enſemble cette meſme liqueur, laquelle chaleur interne
eſt ſecondée par l'exterieure, qui
eſt celle du Soleil, & par l'action
de l'air, comme premiers artiſans
de cet ouurage; car c'eſt par l'vn
& l'autre que ce ſuc attiré ſe digere, ſe digerant, ſe ſpiritualiſe, &
ſe ſpiritualiſant, ſe porte & ſe
ſublime vers cette partie ronde,
delicate & verdoyante, qui ſort
de terre, & que maintenant nous
pouuons appeller tronc ou tige;
Pour lors l'vne & l'autre cha-

leur, , concourt à faire croiſtre
noſtre plante, tãt que la racine,&
la tige ſont pourueuës d’humidité,l’vne deſquelles à ſçauoir la tige , eſtant tousjours expoſée aux
Vents & au Soleil , ſe munit
par le dehors d’vne écorce épaiſſe
& rude, pour empeſcher d’vne-
part que le froid n’aille étouffer
d’abord ces eſprits interieurs, qui
ne ſont pour ainſi dire que ſortir
du berceau ; d’autre part pour faire que le Vent n’aille pas les écar-
ter çà & là ;l’autre deſquelles,ſça-
uoir la racine , auance & pouſſe
continuellement vers le profond
de la terre ſes filamens & cor-
dons , afin qu’elle puiſſe reſiſter
plus facilement aux inſultes & ſe-
couſſes des Vents qui pourroient
enfin déraciner le tronc , ou par
trop l’eſbranler,& alors la meſme
choſe arriue à noſtre plante, qu’à
vn grand foyer, auquel tant plus
on augmente la quantité du bois,

tant plus auſſi la chaleur s'en augmente ; ainſi la continuëlle abondance d'vn nouueau ſuc balſamique, fait que la chaleur vitale &
centrique de noſtre plante s'augmente , & à proportion qu'elle
s'accroiſt, il ſe fait vne continuel-
le atraction de ce ſuc, qui par cette
meſme chaleur s'éleue tousjours,
& fait que le tronc ou la tige de
nôtre Féve croiſt, & s'eſtend plus
haut. Or tant plus ce ſuc en montant s'éloigne du centre commun
d'où il part, il arriue qu'il deuient plus tendre & moins propre
pour reſiſter à la rigueur de l'air
froid, de ſorte que ne pouuant ſe
porter plus haut, il s'arreſte & ſe
fixe, cepēdant la chaleur intericu-
re ne delaiſſe pas d'agir tousjours,
& de faire éuaporer continuellement l'humidité ſuſdite, laquelle
en montant, n'eſt pas pour rópre
l'écorce ; mais où elle ſe récontre,
quand elle eſt au bout de ſon che-

min, là elle se change en vn certain bouton, qui de plus en plus se
grossit, & se grossit enfin iusques à
ce que ladite écorce, qui enueloppe cette humidité, qui se sublime
& se digere tous les iours d'auan-
tage, vienne à creuer & se rom-
pre, nepouuant plus supporter la
quantité, ny l'actiuité dudit suc,
par laquelle rupture ce bouton,
où ce nœud s'auance en dehors
de l'écorce, & se multiplie, comme dit est, iusques à ce qu'il soit
paruenu à vne certaine distance
du tronc, & ce suc montant derechef, produit de nouueaux
nœuds ou branches le long de la
tige, par le mesme procedé que
dessus, & par ainsi d'vne branche,
ou pour mieux dire à present d'vn
branchage à l'autre, qui se surpassent alternatiuement en hauteur, ce suc se porte iusques à ce
que la plante ne puisse plus monter par faute du mesme suc, &

d’ailleurs , parce que la chaleur
qui fublimoit auparauant ce fuc
ou humidité vient à fe ralentir, &
par ce que le Soleil mefme n’e-
xerce plus fur elle vne fi grande
actiuité qu’auparauant ; En vn
mot , tous les Agens de la nature,
par vne admirable œconomie,
conuiennent à mettre fin à l’accroiffement de cette plante, pour
la rendre parfaite & acheuée fuiuant l’intention de l’Auteur. Il y
a de certaines plantes dont le naturel eft de croiftre tout droit en
haut ; mais il arriue dans quelques autres, que quand les boutons, ou les nœuds qui font les
branches fe fentent en diuers en-
droits, preffés par le fuc qui monte continuellement, ce mefme fuc
n’eft pas moins pouffé par en haut
qu’à cofté, & de cette maniere il
s’engendre vn rameau ; mais bien
moins grand que le tronc d’où il
fort : Il arriue auffi dans le long
ce

de tout l'arbre que par tout, où fe
rencontrent les occafions , & les
caufes qui produifent les branches du rameau , dont ncûsauons
fait mention, il s'y fait tout autant de branches : mais quand la
nature à prefcrit à fa ieune plante,
vn certain terme de grandeur , &
qu'elle fe rebutte, pour ainfi dire,
& fe laffe de trauailler pour four-
nir à l'acroiffement de fes enfans
& nourriffons , quand ils font
tout-à-fait grands & robuftes,
c'eft-à-dire, quand la chaleur naturelle d'vne part , d'autre part le
Soleil & le fuc cy-deffus vien-
nent à manquer, & diminuer d'a-
ction , & que neantmoins la nature, dis-je, ne veut point fe voir
oifine; c'eft pourquoy elle fe porte à des actions d'vne moindre
force & vigueur, & s'occupant
feulement à clarifier de plus en
plus par des douces fublimations
& depurations ce mefme fuc,

C

qu'elle auoit n'agueres fi haut éle-
ué, elle fait que les parties les
plus groffieres du fuc fe feparent,
& comme elles ne font pas affez
propres pour monter plus haut;
ny affez fubtiles pour pouuoir
paffer par ces mefmes canaux
eftroits, qui donnent facile entrée
aux efprits Aftralifez & purifiez,
elles demeurent & s'établiffent-
là. Ces mefmes parties neantmoins, quoy que groffieres, ne
demeurent pas oyfiues & fans rien
faire, (j'appelle ces parties cy-
deffus, groffieres par rapport feulement à ces efprits plus purifiez;
car au refte elles font beaucoup
plus fubtiles & plus digerées que
celles qui demeurent au tronc ou
en fa cauité.) Il eft bien vray
pourtant qu'elles ne font pas ca-
pables d'accompagner, ou de fui-
ure cet efprit celefte, où volatil
qui monte plus haut, comme vous
pourrez enfuite remarquer ; Et

ces mefmes fe trouuent conti-
nuëllement augmentez par l'occurrence de pareilles parties, que
j'appelle groſſieres, par la rai-
ſon que j'ay cy-deuant dite, &
que vous pouuez pourtant nom-
mer ſubtiles, en effet elles ſeront
l'vn & l'autre tout enſemble; car
enfin elles ſont & ſeront ſubtiles
au reſpeƈt du ſuc plus groſſier,
duquel en ſe ſublimant elles ſont
extraites, lequel ſuc demeure en
bas, & fait le corps ou le tronc de
la Plante, elles peuuent pareillement eſtre dites groſſieres au reſpeƈt de cet eſprit ignée, ou huile
Balſamique, qui ſe tire d'elles par
la reƈtification.

Cette perpetuelle ſource de
matiere ſe porte vers les rameaux,
dont ils ſe tiennent à la fin tellement remplis, qu'ils ſont con-
traints ſouuent de la regorger, &
c'eſt de là qu'il ſe fait des creuaſ-
ſes, par où ce ſuc fait effort pour

fortir, & fe degager de la preffe, & fi ce fuc eft fort vifqueux & onctueux, & qu'il foit par la longueur du temps cuit & digeré d'vn cofté par la chaleur exterieure du Soleil, & d'autre cofté par la chaleur naturelle qui eft en luy concentrée, auant que de fuinter au dehors, il fe conuertit en vne certaine fubftance gommeufe, laquelle garde en foy la nature de toute la plante, comme ie feray voir cy-apres par plufieurs experiences, outre que la raifon perfuade d'ailleurs, que la chofe doit eftre telle; mais s'il ne furuient rien, qui mefle, altere, ou détourne le cours ordinaire, alors le fuc qui fe trouue plus aqueux que huileux, & qui rencontre vne libre fortie vers l'air exterieur au trauers de l'écorce delicate, & tendre du tronc & des branches, fouffre les pareilles actions que le fuc primordial auoit éprouuées,

fortant du centre du gland ou de
la féve, ainſi ce ſuc commence à
prendre la figure d'vne nouuelle
plante, qui quand à la forme, figure & nature, eſt fort ſemblable
à celle-là qui eſt desja grande, &
dont il eſt produit. En premier
lieu, il ſort vne eſpece de filament
en droite ligne, que nous pouuons
appeller fort à propos la tige de
cette nouuelle & ieune plante, &
juſqu'à vne diſtance proportion-
née à l'action de la chaleur, qui
ſublime & pouſſe le ſuc, lequel
alors qu'il rencontre l'air froid,
qui le condenſe & ramaſſe en forme d'vn bouton, fait, disje, à ce
petit tronc vn premier nœud, duquel enſuite ſe d'ordent & s'é-
leuent de nouueaux filamens ou
rayons d'eſprits, non moins en
haut qu'à coſté, comme nous venons d'expliquer en parlant de la
premiere fermentation de la grande plante ; ces filamens qui ſe lan-

C iij.

cent de toutes parts, en s'écartant quelque peu les vns des autres, s'en trouuent neantmoins si pro- ches, que les tourbillons ou va- peurs, qui doiuent necessairement accompagner ces filets, s'insi- nuent facilement entre eux, & comme ils sont de leur nature vis- queux & gluans, ils remplissent, di-je, de leur matiere gommeuse les petits espaces entrelassez des- dits filamens, ce qui arriue, par- ce que si tost que la chaleur vient à faire éleuer quelque abondance d'humeur, il ne se peut faire que tout autou: il ne se rencontre vne Atmosphere de cette emanation, laquelle pour ainsi dire, enuiron- ne & borde ce fleuue ou Torrent d'esprits & de filamens ; d'ailleurs ces émanaces humides & chaudes doiuent estre d'ordinaire visqueu- ses & a lherentes comme cy-des- sus; Nous pouuõs comparer fort à propos à cette operation, celle

d'vne ingenieuse ouuriere , lors
qu'elle veut remplir les interual-
les d'vn fond de tapis; car alors
entre les filets estendus & dente-
lez qu'elle a trouuez tous faits,
elle entrepasse des autres filets di-
uersement peints ; mais si bien
joints & entre-tissus, qu'encore
bien que l'interualle desdits filets
tendus soient vnis & remplis,
neantmoins la ligne ou la trace
desdits filamens demeure si visi-
ble & distincte, que les yeux sans
la raison, ne pourroient discerner
ny s'apperceuoir qu'on eut ad-
jousté quelque chose au premier Patron de l'ouurage. De
mesme dans le remplissage des
interstices de nostre ieune & nouuelle plante , apres que les parties
susdites , humides & visqueuses,
se sont estēduës le long d'iceux, en
forme d'vne substance continuë,
rameuse & dentelée, suiuāt que les
plus grands filamens sont on plus
longs ou plus courts, l'on entre-

noit clairemēt tous les nerfs & les
filets de la plante ; & par ainſi la
feüille qu'on peut dire encore vne
ſeconde plante , ſe fait des rameaux & ſurgeons de la premiere
tige , & en retient la forme & les
qualitez ; car pendant le temps
que ces actions ſe font parmy les
parties fort groſſieres, que l'eſprit
plus rectifié pouſſe en auant ; il
s'engendre vne chaleur qui ſublime & digere ce ſuc preparé pour
ſe conuertir en ſubſtances plus
ſubſtiles , leſquelles ſurabondent
en vigueurs & en eſprits , princi-
palement vers l'extremité des rameaux , là où vne partie de cette
humeur abondante ſe conuertit
en certain ploton ou nœud , ainſi
que nous auons fait voir au commencement de la formation du
tronc, ou du corps de la féve, ou
du gland : mais la plus volatile &
moins maſſiue partie de ce ſuc rectifié au dernier degré, ou pluſtoſt

de ce nouuel esprit se répand au
tour de ce ploton, & degenere en
trés petites feüilles, lesquelles
estant accompagnées d'vne grâde
multitude de parties souphrées,
& huileuses de cet esprit rectifié,
repaissent les yeux d'vne agreable
varieté de couleurs, & répandent
ensuite des douces & charmantes
odeurs; car cet esprit se trouuant
plusieurs fois rectifié, se change
en forme d'vne eau de vie tres-
subtile & ardente à cause de son
souphre, qu'on reconnoist aussi
pour estre le Peintre inimitable
des couleurs, & l'Agent de toutes les odeurs de la nature : mais
comme cesdites feüilles sont d'v-
ne substance volatile qu'elles ac-
querent par vne longue & souuent repetée purification & dige-
stion ; voila pourquoy elles ne
durent pas long-temps, non plus
que les fleurs, qui tost apres qu'elles sont accrües, se fanissent &

tombent, comme auſſi leurs doux
& odorans eſprits s'exhalent ;
Dans ce temps auſſi, ce meſme eſprit aſtral & volatif ſe nourrit &
fortifie au deſſous deſdites fleurs,
qui ſoudain ſe détachent & s'en
vont, & ſe rend d'autant plus ſo-
lide & durable par vne certaine
concoction, comme il arriue dans
les diſtillations , par leſquelles
l'huile ne s'extrait qu'à la fin ;
c'eſt pourquoy il empreint &
remplit le bouton, ou le nœud,
qui ſe voit maintenant priué de
ſes floriſſans aſſociez, & pendant
que ce dit nœud deuient plus
grand, il deuient plus gros, il deuient auſſi par tout également
mol & delicat , d'autant que le
Soleil venant à tirer en dehors les
parties tres-ſubtiles, & tres aëriennes, qui ſont au dedans; Il arriue delà, que toute cette petite
maſſe ſe change en vne ſubſtance
molle, meure & tendre , ſeule-

ment la surface exterieure s'en-
durcit en vne petite pellicule, afin
de conseruer le-dedans de la froi-
dure de l'Air, & de l'injure des
Vents, ce qui arriue à tous les
fruits communement.

Cependant par le mesme procedé que nous venons d'expliquer, il s'ensuiura qu'au centre
de cette masse, ou de ce fruit, il
doit y auoir quelque ridée, dure &
seche matiere; car comme le Soleil attire en dehors, ou vers la
surface du fruit, les tres-subtiles
& plus aëriennes parties du suc,
ou des esprits qui montent: D'ailleurs la chaleur naturelle ou centrique, poussant du centre vers la
circonference, il ne se peut autrement que dans le milieu d'où l'at-
traction & l'expulsion dudit suc
se sont faites, il ne reste necessairement qu'vne abondance de parties terrestres, d'estituées d'humidité, & reduites en vne substan-

ce dure en forme de noyau, laquelle contient pour ce beaucoup de feu, mais peu d'air; car le feu à cecy de particulier, qu'il s'incorpore & se transforme en la substance qu'il veut digerer & calciner, comme on peut tresclairement connoistre, quand on calcine l'Antimoine par le miroir ardent, par lequel moyen la masse du corps calciné acquiert vn poids beaucoup plus grand que le premier; encor bien que le feu durant cette action ait fait enaporer vne tres-grande quantité des parties humides, & volatiles du corps fumant de ladite masse. Ce bouton ou nœud donc, si parfaitement preparé & assaisonné, s'appelle communément fruit, dont vne portion plus dure, en contient souuent vne autre plus seiche, non toutesfois si dure; & la raison est, que la surface externe de cette substance terrestre est

deuenuë

demenuë tellement dure par l'occurrence des causes susdites qui la
rendent telle, font que nulle humidité ne la puisse penetrer, ou
du moins en tres mediocre quantité, d'où il arriue que tout ce qui
se trouue dépourueu de ladite humidité se voit contraint & consti-
pé, d'où s'ensuit aussi necessairement que toute la substance qui
est renfermée dans cette dure surface, doiue s'endurcir de plus en
plus, jusque à ce qu'enfin elle de-
uienne, en façon d'vne poudre
tres-subtile; Le fruit montre assez de luy mesme que la chose est
telle; aussi-tost qu'il est dépouil-
lé de son enueloppe, & qu'on
vient à le broyer, tout de mesme
qu'on voit arriuer aux bleds &
autres grains, qu'on veut mou-
dre, & cela se remarque de la sorte aux noyaux & pepins des poi-
res, pommes, oranges, citrons, &
semblables fruits, si vous operez

D

la mefme chofe fur eux, apres que
vous les aurez parfaitement def-
feichez. Il faut ici remarquer cependant, que cette feicherelle
n'eft pas de la mefme nature que
celle qui fe fait dans la calcination par l'extréme violence du
feu, qui fait entierement éuaporer & difperfer en l'air les parties
humides & volatiles, & qui font
l'eſſence du corps, qu'on veut calciner; car comme la natute dans
fes ouurages n'agit iamais qu'a-
uec moderation, elle conduit en
ce rencontre fes artifans auec dou-
ceur, & d'ailleurs l'humidité ad-
jacente; enſemble la froideur de
l'air contrebalençent l'excez de
la chaleur & de la feicherelle, &
empefchent que la femence n'en
foit offenſée, & par ce moyen il
aduient que la nature dans le
cours de cette operation, tend
plûtoſt à vne fixation qu'à vne
calcination de matiere, ce qui fait
qu'en chaque particule de cet

poudre affermie & compacte ;
(fçauoir les noyaux & pepins)
toute la nature ou l'essence de la
plante reside actuellement, comme si elle auoit esté ramassée en ce
poinct ; car le suc qui se trouuoit
premierement dans le nœud, qui
pour lors est deuenu fruit, & qui
de la racine a passé par plusieurs
parties de differentes natures qui
sont en la plante, & qui de plus
s'est acquis vne parfaite dépura-
tion & concoction , tant par la
chaleur interne que par la chaleur
du Soleil ; (le plus dur & pier-
reux demeurant au milieu du
fruit) ce suc , disje , ayant acquis cette difference de pureté ,
concoction & sublimation, se fixe, enfin, en vne espece de certaine teinture extraite de toute la
plante, & se reduit comme en ma-
gistere, lequel est empreint de sel
& de feu , & c'est ce que nous ap-
pellons fort à propos, Semence,

laquelle estant de rechef mise en
terre, & arrousée d'vne humeur
conuenable, refait de nouueau tout
cet ouurage que nous venôs d'ob-
seruer dans tout son détail, & l'on
ne peut en cecy trop admirer l'in-
dustrie de ce premier Architecte
de la nature, ny de quelle adresse
il en conduit les ouurages, parce
que la concurrence des diuers
Agens s'accordent si bien, que
tous ensemble buttent à vne mesme fin, & font que la nature ne
s'éloigne presque iamais de ce
qu'elle se propose : Que si quelqu'vn examine iudicieusement &
attentiuement les longues suites
de cette operation dans toutes ses
parties, & qu'il regarde combien facilement elle peut estre
troublée par l'occurrence & la
multitude des moyens ; de plus,
par les accidens diuers qui s'y
peuuent rencontrer, (comme
quand vn grain de sable se glisse
entre les roües de quelque Hor-

loge, bien artificiellement fai-
te) ou que s'il considere plu-
ftoft, combien il eft difficile
fans doute à vn feul Artifan ou
Directeur d'en contretenir, les
roües & les refforts en leur équi-
libre : Il pourra delà connoiftre
& fe perfuader aifement, qu'à
peine entre mil Plantes de mefme efpece il pourra s'en trouuer
vne pareille, & qui rencontre les
mefmes circonftances dans fon
accroiffement & production,
comme nous voyons tous les
iours ; & combien que celui-là
mefme ne confideraft que les
deux termes plus éloignez, fçauoir le commencement & la fin
de la plante ; il aura lieu de recon-
noiftre que toute la production
de la plante dans la fuitte, n'eft
qu'vn perpetuel effet d'vn mira-
cle, parquoy l'on pourroit legiti-
mement excufer ceux-là, qui dans

ces operations naturelles admet-
tent vne vertu formatrice , lors
que la raifon ne peut pas aller plus
auant pour connoiftre comment la
Nature agit en ce rencontre.
Mais vn autre qui confidere tout
le cours de la Nature que Dieu à
difpofée pour agir dans tous les
admirables ouurages qu'elle produit, & qui porte fes yeux fur
chaque partie d'iceux, & ne s'en
détourne point qu'il n'ait entierement examiné ce qu'elle doit
faire auec vne telle & telle matiere temperée & difpofée d'v-
ne telle forte , & par telles &
telles circonftances , il trouuera
facilement qu'il eft impoffible
qu'il fe produife vne autre efpece
que celle qu'il voit croiftre deuant fes yeux. Or faute de bien
confiderer les chofes , il arriue
que quelques vns ont recours,
comme à vn azile, à des qualitez
occultes , afin de cacher leurs

ignorãces sous des termes incon-
nus ; & neantmoins, la nature en
foy mesme se peut sensiblement
connoistre, & les hommes peuuent aisement penetrer dans ses
abysmes & profondeurs , pour-
ueu que l'on employe des moyens
propres & conuenables quand on
la veut contempler, & faire l'A-
nalyse de ses parties.

Faisant reflexion sur le discours
que ie viens d'auancer touchant
l'ordre que la nature garde en la
production de toutes les Plantes,
ou vegetables, il sera fort facile de
répondre à ces sortes de questions
qu'on fait sur cette matiere, lesquelles semblent d'abord ne pas
trouuer de solution; Par exemple,
pourquoy vn tel arbre ou plante
affecte vne certaine situation, &
mesme vne certaine inclination
au respect de l'Vniuers , ce que
quelques particuliers, qui ne sont
pas de trop grande erudition, veu-

sont rapporter entre les Mysteres
de la Nature les plus cachés, &
qui surpassent la portée de l'esprit humain : De plus, ces mesmes veulent qu'il y ait entre quelques Plantes, & l'Etoile Polaire,
quelque secret instinct ou sympathie, ce qui toutefois n'est aucunement vray ; car cela n'est
que parce que la plante estant foi-
ble, & dans sa premiere enfance,
l'air qui l'environne vient à la
presser & ramasser ; & le Soleil
qui d'ailleurs vient fomenter de
sa chaleur viuifiante ladite Plante, & particulierement ses Atômes froids & terrestres, lesquels
par le moyen de la chaleur du
Soleil sont attirez des Poles vers
l'Equateur ; car comme entre
l'Equateur & les Poles, il se
fait vn perpetuel concours de
ces Atômes, (comme j'ay fait
voir dans mon traité de la poudre de sympathie) tout ce qui

se rencontre en leur route, necessairement suit la mesme determi-
nation de leurs mouuemens, &
ce costé de la Plante qui se trouue
immediatement exposé à leurs
corps, en est aussi plus particulierement affecté : Au contraire,
l'autre costé doit receuoir vn effet
tout different de celui-là, par ce
que le Soleil frappant cette
partie, de la Plante qui luy est
exposée, il y fait vn certain
effort par l'élancement de ses
rayons, ou Atômes chauds & humides ; Et par ainsi tu vois clairement la raison pour laquelle ie dis
qu'vn costé de la Plante, au respect de l'autre, ne peut qu'il ne
soit opaque, dur & pesant, &
qu'il ne degenere plustost en vne
grosseur plus aiguë que ronde ; &
l'autre costé tout au contraire sera
mol, spongieux, leger, étendu &
dilaté, & d'vne figure moins ronde que platte.

Que cette premiere impreſſion
que nous venons de déduire , ſerue de regle au Lecteur pour celle
que nous allons dire enſuite ; ſçauoir que l'exterieure cauité de
la Plante eſtant en façon d'vn canal ou d'vn moule, auquel ſe com-
munique le ſuc qui ſurnaiſt tousjours d'en bas , il s'enſuiura qu'à
chaque année , chaque mois , ou
ſemaine , ſelon la nature de la
Plante, qu'vn ſuc nouueau ſe ſu-
blimera dans cette dure cauité, &
qu'il en dilatera l'écorce, ou le
foureau pour s'y faire place ; cette
meſme cauité deuiendra d'vne
telle forme & figure , ſçauoir
pointuë vers vn coſté , deuers
l'autre obtuſe , ainſi que la boitte
ou l'écorce eſt d'vne part , & fait
de l'autre part diſpoſer ledit ſuc à
s'ajuſter de meſme , ce qui ſe reï-
tere tous les ans à l'égard des Arbres ou Plantes qui ne meurent
pas tous les ans , & par le moyen

de ce cercle ou contours de ma-
tieres , on connoiſtra non ſeulement de quelle maniere ces arbres
croiſſent & augmentent, au reſ-
pect de leur ſituation vers le Sep-
tentrion ou Midy , mais auſſi
combien d'années chacun peut
auoir ; & ſi l'on vouloit planter
ce meſme arbre en vn autre ter-
roir, il faut eſtre exactement ſoi-
gneux de luy redonner la meſme
ſituation qu'il auoit auparauant,
& qui luy eſt connaturelle ; car en
effet, ſi l'on expoſoit le coſté de
l'arbre qui regarde le Midy , &
qui pour ce ſujet eſt d'vne ſubſtance delicate & molle, aux tran-
châs aigus & durs de l'air Septen-
trional ; ces meſmes aiguillons &
trenchans feront fendre & cre-
uaſſer l'arbre, en ſorte que laiſ-
ſant expirer ſes eſprits , il ne
peut que mourir en bref ; Par
cette meſme cauſe , il arriue que
chaque coupeau de bois , apres

qu'il eſt meſme deſſeiché & cou-
pé, acquiert vne nature d'Aimant
& de Pole, qui correſpondent à
l'Vniuers. Car le cours perpetuel
& reglé d'vne meſme eſpece d'A-
tômes, venant à paſſer tousjours
par vne meſme route, diſpoſent
des tuyaux répondans à leur figure, leſquels ne reçoiuent que
les Atômes qui ont pareille forme que les precedens, & rebutent
tous autres qui ſont d'vne autre
maniere, comme il eſt deduit plus
amplement en mon traité ſuſdit,
où ie fais voir la doctrine de l'Aimant & de ſes phenomenes, par
les raiſons que j'en rends; Suiuant
cette meſme cauſe, disje, que ſi
d'vn morceau de bois l'on fait vne
Sphere ou vn Cylindre, ou quelque autre reguliere figure, &
qu'on la mette dans l'eau, il arriuera qu'vne moitié s'éleuera ſur
l'eau, & l'autre s'enfoncera dans
l'eau. Or de tout ce que ie viens
d.

de rapporter icy, l'on peut tirer
vne raison manifeste pour sçauoir qu'elle est la cause pourquoy
apres vne grande seicheresse, les
Arbres & les Plantes se fanent
& languissent, jusques à ce que
le Ciel renuoye vne douce pluïe
qui les arrouse, & les restitüe en
leur premiere vigueur ; & pour
lors tous les Vegetables semblent
renaistre, & se reuestir de nouueau d'vne seconde Toison aussi
verdoyante qu'auparauant, ce qui
n'est autre chose, sinon que le Soleil par ses rayons ardens, ayant
épuisé toute l'humidité qui se
trouuoit dans les Plantes, vn
nouueau suc imbibant derechef la
racine, vient à se sublimer le long
de la tige, & produit vn espece
de nouueau bourgeon, qui produit de nouuelles feüilles, comme nous auons, desja, dit.

E

SECONDE PARTIE,

Où la Vegetation est demontrée par les Experiences.

PLuſieurs autres conſequences ſe pourroient tirer ſans con-tradiction des principes que ie viens de poſer : mais ie vous ſerois ennuyeux ſi ie vouloisicy les deduire tous au long , il me ſuffit de vous avoir demontré comme au doigt l'entrée de ce vaſte champ , d'où l'on peut receüillir mil belles connoiſſances pour l'A-griculture par vne naturelle me-ditation ; je me perſuade d'ail-leurs que ie vous agréeray vo-lontiers , ſi ie puis vous rapporter l'vn apres l'autre par quel moyen vne Plante qui s'en va mourir peut-eſtre reſuſcitée , ou com-ment la vertu de celle qui croiſt fort naturellement , peut eſtre grandement multipliée, puis que

la theorie de cette science ne sera
pas seulement agréablement re-
ceüe des Philosophes , mais encore la pratique en sera tres-vtile
& tres-auantageuse à la Republi-
que , & mesme tres salutaire aux
corps humains.

La maladie, enfin la mort de
chaque Plante selon le cours ordinaire de la Nature , prouien-
nent du defaut de ce suc balsa-
mique & salin , par le moyen duquel , comme nous auons dit , la
Plante s'enfle , germe , & s'a-
croist. Ce defaut peut-estre cau-
sé par ces choses, sçauoir ou de ce
que le lieu ou la Plante croist , se
trouue destitué de ce suc, comme
quand vn champ est sterile , ou
parce que l'air dont la Plante se
nourrit est tres malin & corrom-
pu , ou parce que la Plante a re-
ceu quelque disgrace ou quelque
defaut en soy , comme quand elle
n'a pas assez de force pour attirer

& digerer ce fuc, encor qu'il foit
contenu dans la Sphere de fon
actiuité, ce qui fe fait, quand la
racine eft trop dure, froide, & op-
pilée, car alors elle a perdu toutes fonctions Vegetables; cependant l'vn & l'autre defaut peut-
eftre le plus fouuent, reparé par
vn feul & mefme moyen. Toute
humidité n'eft pas fertille, &
n'apporte pas en foy la fecon-
dité; En effet, fi l'eau n'eft pas
animée de fon propre feu, fans
doute elle ne peut rendre les
Plantes bien fertiles & fructife-
res. Vne terre qui eft humectée
par des Sources & Cifternes froides & maigres, eft de peu de valeur, veu qu'vne eau limoneufe
& faline répanduë fur les terres
les rend beaucoup plus fecondes. Les Pluïes mediocres, prin-
cipalement celles qui fe font au
temps des Equinoxes, font les
plus fertiles de toutes; Mais enfin par le moyen d'vne rofée Ce-

lefte & bien digerée, toutes les
Plantes deuiennent fertiles , &
croiffent abondamment ; mais
fçachons parfaitement ce qui
rend ces liqueurs fi fecondes &
fructueufes : l'eau toute pure, qui
eft commune à toutes chofes, ne
le peut faire ; mais il faut neceffairement qu'il y ait dans l'eau
quelque chofe de contenu, à qui
l'eau, dis-je, ferue de Vehicule,
& c'eft ce que l'on a reconnu par
Art Spagirique; car l'on a trouué
que ce n'eft autre chofe qu'vn
certain fel nitreux , diffous par
toute l'eau. En effet, c'eft ce mefme fel qui rend toutes chofes fecondes , & c'eft à ce mefme fel
auffi , que non feulement les Vegetables , mais encore tous les
Metaux & Mineraux font rede-
uables de leur naiffance.

Ie trouue qu'il feroit icy fort
à propos de vous dire pourquoy
les anciens Poëtes nous ont écrit

de longues Hiſtoires de leur
Déeſſe, qui auoit pris naiſſance
du ſel, & comment ils ont ca-
ché ſous des voiles de ſel le plus
ſecret de leur ſcience naturelle,
de meſme qu'ils ont touſjours
voulu cacher ſous le maſque des
Fables leurs plus profondes ſa-
geſſes. Mais ie vous ſerois par
trop ennuyeux, ſi j'auois entrepris de pouſſer à bout, ou de
pourſuiure fort loing chaque
proye qui ſe vient offrir à moy,
lors que ie parcours avec vous
la vaſte Foreſt du ſujet que nous
traietons; il me ſuffira de deſcen-
dre,tant aux Experiences que j'ay
faites, que celles des autres qui
me ſont manifeſtes. Par le moyen
du ſel nitre que j'ay fait diſſoudre dans de l'eau, & meſlé auec
quelque autre ſubſtance terreſtre
conuenable, & qui peut en quelque façon rendre ce ſel amiable
& familier auec le froment, dans
lequel ie voulois inſinuër ledit

fel nitre; I'ay fait en forte qu'vn
champ tres-infertile & tres-mai-
gre, produifit vne admirable &
tres-riche moiffon, & furpaffoit
encore pour fon abondance, celuy qui de foy eftoit tres-fecond
& tres-fertile. De plus, j'ay veu
qu'vn grain de Cheneuis eftant
arroufé & humecté de cette mefme liqueur, a produit dans le
temps requis vne fi grande abondance de chalumeaux & de tiges,
qu'on euft pû dire à caufe de l'é-
paiffeur, & de la dureté de fes
branches, que c'eftoit vne petite
Foreft, âgée de dix ans pour le
moins. Les Peres de la Doctrine
Chreftienne en la Ville de Paris,
conferuët encor chez eux vne certaine touffe d'orge, qui contient
deux cens quarante-neuf tuyaux
ou branches, lefquels prennent
tous leur origine d'vn feul &
mefme grain, ou racine; aux ef-
pics defquels ils content plus de

dix-huit mille grains, ce qui eſt à
la verité fort extraordinaire, auſſi
conſeruent-ils cela comme vne
choſe tres-curieuſe & de remarque.

Or ſçauoir s'il y auroit icy lieu
de preſumer que ce ſel nitre,
eſtant ſimplement attiré par la
Plante ou ſemence, peut appor-
ter cette grande fertilité, nullement, parce qu'il ſe trouuerroit
auſſi-toſt conſumé, & delà ne
pourroit pas adminiſtrer ny four-
nir de matiere aſſez ſuffiſamment
pour entretenir & nourrir cette
nombreuſe famille. Le ſel nitre
eſt vn Aimant en ſoy, lequel attire inceſſamment vn ſemblable ſel
de l'air qui le rend fecond & viui-
fiant ; & c'eſt delà que le Coſmo-
polite prenoit occaſion de dire ;
qu'il y a dedans l'air vne inuiſi-
ble & ſecrette ſubſtance de vie.

Lors que naiſſant nous reſpirons vn air animé, & rempli d'vn

feu ſi doux & benin, nous joüiſ-
ſons ſans doute d'vne pleine &
parfaite ſanté: au contraire quand
l'air que nous reſpirons ſe trouue
rempli d'exhalaiſons mineralles
& terreſtres , & chargé de va-
peurs marécageuſes & marines, de
plus, quand il n'eſt point viuifié,
ny purifié par ce ſel doux & balſamique, nous paſſons alors vne
vie aſſez mal ſeine & cacochyme,
ce ſel eſt la veritable nourriture
des Poulmons & des Eſprits.
Corneille Drebel ayant ramaſſé
vne grande quantité de ce ſel en
vn petit eſpace , a pû neantmoins
recréer & remettre fort bien en
vigueur ceux qui eſtoyent auec
luy dans ſa maiſon aſſez eſtroi-
te , & qui eſtoit ſous les eaux ,
leſquels à la verité deuindrent
fort foibles , & manquerent de
courage , ſi toſt qu'ils eurent entierement côſumé le ſuc balſamique, qui auoit eſté, disje, répandu

dans l'air où ils eſtoient renfer-
més, & le moyen dont ledit Drebel ſe ſeruit, fut qu'il fit éuaporer
dans cet air épuiſé, ſterile & vui-
de, vne bouteille remplie de ce
baume, dont l'eſpace incontinent
fut tout imbu & parſemé. Cet
eſprit donc qui anime l'air, eſt
attiré par cette liqueur ſaline, qui
eſt, diſ-je, vn Aymant en ſoy, &
dont la ſemence des choſes ordi-
nairement eſt imbuë & remplie;
je puis dire eſtre teſmoin oculaire
de l'admirable incorporation de
cet eſprit. car j'ay veu cette meſme liqueur ſaline ou eſprit, croiſtre d'vne inſigne hauteur, comme vous allez voir.

Eſtant à Rome en vn certain
lieu propre, ie mettois en terre
quelque petite poignée de grains
d'orge que j'auois preparé, comme j'ay, deſja dit, & en partie
auec de la roſée, en partie auec
l'air, & par le moyen du Soleil.

Le matin, apres que le rayōs de sa
lumiere auoient fait éuaporer &
diffiper l'humidité fuperflüe de la
terre ; j'obferuois croiftre des
germes d'vne certaine & admirable grandeur, qui ne confiftoient
qu'en vn pur & fimple fel nitre,
& fe trouuoient au tour & deffus
les grains que i'auois fort legere-
ment couuert de terre, bien me-
nuë & criblée : ils auoient chacun prefque deux doigts de hauteur, & n'eftoient, disje, qu'vn
tres-pur & Cryftalin fel nitre, &
meilleur que iamais perfonne ait
pû voir : & pour ce fujet le Pape,
& le venerable Duc de Bauiere,
chacun dans fes appartenances
faifoit faire des Minieres de fel
nitre, qu'ils faifoient entretenir
& nourrir, dont le fond & les
veines eftoient autant differentes
de celles des autres Metaux &
Mineraux, que le pur differe de
l'impur. Car les veines de ceux-

cy font fous nos pieds, dans les
entrailles de la terre, & celles de
nos Minieres artificielles font au
deffus de nous expofées à l'air.
Et c'eft cette mefme terre qui
fe meut & furnage fur la tefte
des hommes, & qu'vn certain
Philofophe, tres-fage & tres-
fubtil, veut qu'on employe pour
le grand œuure. De plus, dans
ce fel habitent les vertus femina-
les de toutes chofes ; car ce n'eft
qu'vn tres-pur, & tres-fimple
extrait preparé de tous les corps,
fur qui le Soleil darde fes rayons
fortement, & qui eft fublimé en
vn tel poinct de hauteur, qu'il acquiert le dernier degré de pureté ; puis apres occupant cette pure & fupréme region de l'air, il
y fejourne & s'incorpore auec
les rayons du Soleil & des Aftres,
qui l'ont cy-deuant deliuré de
cette feruitude terreftre, & le
purifiant, l'ont exalté de rechef
vers

vers le lieu de son origine ; & alors ie n'admire plus pourquoy sur le sommet de ces hautes tours, l'on voit croiftre d'ordinaire quelque espece de Plantes, combien qu'il soit tres - certain que iamais personne n'a monté là, pour l'y semer ny planter ; & cet Aimant terreftre qui eft de mesme subftance que ledit esprit, bien qu'il ne soit pas si' pur, ce Lezard, disje, rampant attire en bas, & succe pour ainsi dire, ce Dragon volant : l'vn & l'autre s'incorpore , & ces deux ne font qu'vn tout, & delà se doit clairement interpreter ce grand Aphorisme de la table d'Emeraude, le superieur & l'inferieur ne font qu'vne mesme effence. Le Soleil eft son pere , la Lune sa mere, & la Terre sa matrice , ou se fait la generation de cette chose, & l'air la porte & l'alaicte de son sein.

F

Comme donc cet esprit vniuerſel eſt Homogene à toutes choſes, & qu'il eſt meſme en ſes effets l'eſprit de vie, non ſeulement aux Plantes, mais aux animaux auſſi; Ne ſeroit-il pas tres-juſte & tres-important de le preparer deüement, afin qu'il ne fut pas moins vtile à reparer les defauts du corps humain, qu'à rétablir les Plantes dans leur premiere & verdoyante vigueur. C'eſt delà qu'Albert le Grand fut ſurnommé Mage, parce que dans les plus grands froids de l'Hyuer, par le moyen de cet eſprit, ou de ce ſel celeſte & balſamique, il eſtoit aſſez ingenieux pour faire germer toutes ſortes de Plantes, & les faire porter des fruits en vne parfaite maturité: Si l'on ſuiuoit les meſmes regles de ce grand Maiſtre, pour le rendre ſympathetique & conuenable au corps humain, il eſt indubita-

ble qu'il feroit chez nous le mefme effet qu'il fait dans les Plantes. L'Or eſt de meſme nature &
ſubſtance que cet eſprit celeſte,
ou pluſtoſt il n'eſt autre choſe que
luy meſme, qui s'eſt reueſtu d'vn
corps dans le ſein d'vne terre tres-
pure, & s'eſt acquis apres vne
parfaite fixation. Raimond Lulle,
dans ſon docte traité de l'intention des Artiſtes, en décrit tres-
elegamment la Genealogie, ſi
donc d'vne part ce corps parfait, ſçauoir l'Or, pouuoit eſtre
ſi bien preparè, qu'il fût rendu
familier & digeſtible à noſtre
eſtomach, & qu'il pût enſuite ſe
conuertir en noſtre propre nature
& ſubſtance ; ſans doute que ſa
vertu chez nous feroit l'effet de
quelque eſpece d'Arbre de vie ; Il
eſt vray que de ſa nature il eſt ſi
égal, & ſi bien compoſé dans ſes
parties, qu'il ne peut pas eſtre re-
ſous ny digeré ſimplement par

l'homme ; mais il se peut faire
que la mere qui l'a conceu & en-
gendré, ait aussi le pouuoir de le
resoudre, & reduire en ses premiers principes volatifs.

Mais, Messieurs, quittons ces
disgressions, car ie crois, du
moins, que c'est assez parlé sur
ces admirables effets de la nature que ie vous viens de pro-
poser avec vne entiere varieté
d'agreables choses. Reuenons
donc au sujet de nostre plante
& sçachons s'il est possible de la
rendre perpetuelle, ou plustost
de la conuertir, & transformer en
vne substance tellement fixe &
permanente, qu'elle ne puisse plus
estre soumise à l'inconstance du
temps, ny à la tirannie des qualités contraires, ny des agens exte-
rieurs qui détruisent toutes choses : De sorte que par ce moyen
elle soit changée en espece d'vn
corps glorifié, tel, pour ainsi dire,

que nous efperons voir le noſtre
apres la Reſurrection. Quercetan
ce tres-docte & tres-celebre Me-
decin du Roy Henry IV. nous ra-
conte vne hiſtoire admirable d'vn
certain Polonois, qui luy faiſoit
voir au nombre de douze vaiſ-
ſeaux de verre, ſcellez hermeti-
quement, dans chacun deſquels
eſtoit contenuë la ſubſtance d'v-
ne plante differente ; ſçauoir
dans l'vn eſtoit vne Roſe , dans
l'autre vne Tulipe , ainſi du reſte.
Or il faut obſeruer qu'en mon-
trant chaque vaiſſeau , l'on n'y
pouuoit remarquer autre choſe,
ſinon qu'vn petit amas de cendre
qui ſe voyoit au fond dudit vaiſſeau ; mais auſſi-toſt qu'il l'expoſoit ſur vne douce & mediocre
chaleur ; à cet inſtant meſme il
apparoiſſoit peu à peu l'image de
la Plante qui ſortoit de ſon tombeau ou de ſa cendre, & dans chaque vaiſſeau les Plantes & les

Fleurs se voyoient ressuscitées en leur entier , chacunes selon la rature de la cendre, dans laquelle leur image estoit inuisiblement ensouelie ; chaque Plante ou Fleur, donc, croissoit de toutes parts en vne iuste & conuenable grandeur & dimension , sur laquelle estoient dépeintes ombratiquement leurs propres couleurs, figures, grandeurs, & autres accidens pareils , mais auec telle exactitude & naifueté, que le sens auroit pû tromper icy la raison, pour croire que c'estoient des Plantes , & des Fleurs substancielles & veritables ; Or toutefois & quantes qu'il venoit à retirer le vaisseau de la chaleur, & qu'il l'exposoit à l'air ; il arriuoit que la matiere & le vaisseau venãt à se refroidir, l'on voyoit sensiblement que ces Plantes ou Fleurs venoient à diminuer peu à peu ; tellement que leurs teints écla-

tans & vifs , venant à pallir , leur
figure alors n'eſtoit plus qu'vn
ombre de la mort , qui diſparoiſ-
ſoit ſoudain , & s'enſeueliſſoit derechef ſous ſes premieres cendres,
& cecy ſe reïteroit touſjours auec
toutes les circonſtances que ie
vous ay marquées, lors qu'il vouloit de rechef approcher le vaiſſeau de la chaleur , & de rechef
l'en retirer.

Ie ſerois tres joyeux & ſatisfait
ſi ie pouuois voir cette Experience auec toutes les circonſtances
que Quercetan propoſe. Athana-
ſe Kircher, à Rome , m'a ſouuent
aſſuré pour certain , qu'il auoit
fait cette meſme experience , &
me communiqua le ſecret de la
faire , quoy que cependant ie
n'aye pû l'acheuer apres beaucoup de trauail , ie faiſois bien
neantmoins la ſeconde operation,
dont le meſme Auteur m'auoit
pareillement donné l'inſtruction,

& j'y ay fort bien reuſſi ; car i'ay
trouué & éprouué l'effet tel qu'il
me le décriuit: Ie prenois vne ſuf-
fiſante quantité d'Orties, ſçauoir
les racines & les troncs, les feüilles , les fleurs, enfin les plantes
entieres, & ie les calcinois à la
maniere ordinaire. Le ſuſdit Auteur parlant de cette Experience,
prend auſſi l'exemple de l'Ortie,
& dans l'operation que i'en faiſois, ie n'obmettois aucune circonſtances de celles que Quercetan rapporte ; De ces cendres,
donc ie faiſois vne lexiue auec de
l'eau pure, que ie filtrois enſuite
pour en oſter la terre morte &
l'impureté ; i'expoſois cette eau
ou lexiue à l'air froid en vn temps
qu'elle pût ſe glacer, & ie faiſois
toutes ces operations dans ce meſme logis , où i'ay preſentement
l'honneur de vous entretenir ſelon qu'il vous à plû m'ordonner,
pour marque de voſtre bien-veil-

ance : je les calcinois donc dans
vn ample & tres-beau laboratoire
que i'auois fait conftruire au def-
fous de la maifon du Profeffeur de
Theologie ; je mettois, dis-je,
cette lexiue à geler au froid, fur la
feneftre de ma Bibliotheque, entre mes armoires qui eftoient au
bout de voftre grande gallerie,
Hans Hunneades Hongrois, eftoit
pour lors mon Operateur ; Or il
eft tres-certain qu'apres que cette eau ou lexiue eftoit congelée,
pour lors il apparoiffoit vne quantité de figures d'Orties que la
glace reprefentoit ; il eft vray
qu'elles n'auoient pas la couleur
d'Orties, auec cette verdeur qui
les accompagne d'ordinaire, elles
eftoient de couleur blanchaftres:
Remarquez , s'il vous plaift,
neantmoins , que quoy que ce ne
fût icy qu'vn ouurage imparfait
de la nature , cependant le crayon
qu'elle n'en auoit ici québauché

se trouuoit si naif & si naturel, que le plus habile Peintre du monde n'auroit pû iamais si bien tracer les lineamens & les traits de ce faisseau d'Ortie, qui paroissoit d'écrit sur cette eau; Or si tost que cette eau venoit à se dégeler & liquefier, ces figures & ces idées s'éuanoüissoient soudainement; & au contraire, si tost qu'elle venoit à se recongeler, de rechef elles paroissoient comme deuant, & ie prenois grand plaisir à contempler ce ieu de la Nature si souuentefois repeté, & i'appellois auec moy le Docteur Mayerne, afin qu'il fût spectateur de cette transfiguration, dont il n'estoit pas moins estonné & rauy que moy; Or qu'elle pouuoit estre la cause de ce Phenomene? il est indubitable que la plus grande partie de la substance essentielle du Mixte décomposé, demeure en son sel fixe, & qui ne peut

aucunement fouffrir de fe voir
changer en vn autre nature : mais
il demeure tousjours effencifié
(pour ainfi dire) des mefmes qualitez & vertus que la Plante, d'où
il a efté extrait , & parce qu'il ne
contient alors que tres - peu de
fon fel volatil, ou armoriac, ou
de fes parties de fouphre , il eft
priué de fes naturelles couleurs;
que fi l'on pouuoit trouuer vn
moyen par lequel on pût confer-
uer toutes fes parties effentielles,
lors qu'on en fait la diffolution &
purification , ie ne puis douter
qu'en les reüniffant l'on ne puiffe
faire paroiftre vne Plante entiere
& parfaite , fuiuant qu'elle croift
dans la nature : ce qui me confir-
me l'experience de Kircher & de
Quercetan.

Or que ce fuft icy vne veritable & originelle renaiffance de la
premiere Plante, pour mon égard
j'ay lieu d'en douter : car pour

parler exactement ie ne puis accorder que les Plantes viuent,
car elles ne meuuent pas, de plus
elles n'ont pas en elles le principe
du mouuement, & ce qu'on peut
appeller vie en elles , ce n'est
qu'vne operation des agens exte-
rieurs , laquelle operation ac-
complit tout le cours naturel
que nous auons , desja , exactement expliqué , lequel veritablement imite & represente au naturel les mouuemens de la vie:
que si donc la Plante n'est pas
quelque estre viuant , pour lors
toutes ses parties sont tousjours
en agitation & mouuement , &
nulle d'icelle, ne se trouue iamais
en repos , & par consequent elle
ne peut pas proprement estre res-
suscitée apres quelle a esté détruite vne fois , veu qu'en aucun
tēps elle n'a esté determinée pour
estre vne telle chose ; mais tout
ainsi que par l'action du feu , le
bois

bois ſe change en charbons, ces
charbons en cendres, & ces cendres en verre, deſquelles choſes
chacune differe tout à fait en ſubſtance de celle qui la precedoit, ie
me perſuade que c'eſt ici la meſme choſe, ſi ie ne me trompe;
c'eſt à dire qu'vn nouueau corps
ou nouuelle choſe s'engendre de
la Plante détruite, qui, delà,
fourniſſoit la matiere à la ſubſtance qui ſe produit de nouueau : car
comme la forme ſubſtantielle de
la premiere eſt tout à fait détruite, vne autre nouuellement ſe re-
produit au monde, comme en cette renouation, où l'on remarque
tous les pareils accidens qui ac-
compagnoient la precedente &
premiere Subſtance ou Plante.

Il me reſouuient d'vne autre
belle experience que le Docteur
Dauiſſon me fit voir dans ſon laboratoire à Paris, il auoit extrait
l'huile & l'eſprit d'vne certaine

G

espece de refine gommeufe; &
dans cette operation il arriuoit
que toute la concauité du vaiffeau
par ou cet huile & cet efprit mon-
toient, fe trouuoit entretiffuë tout
au tour de figures de Pin, qui eft
l'arbre d'où fe tire ladite refine;
& ces figures & idées pineales
eftoient depeintes auec tant d'ar-
tifice & d'exactitude, qu'vn Apel-
lés n'auroit pû les imiter, il m'ar-
riua la mefme chofe en diftillant
la gomme de Cerifier : Cependant ie ne vois pas que la renouation ou reprefentation naturelle
de ces idées & figures puiffe imiter la veritable renaiffance, que
fouuentefois i'ay moy-mefme
éprouuée fur des Poiffons ou
Ecreuiffes en cette forte. Qu'on
laue les Ecreuiffes pour en ofter
la terreftrité , qu'on les cuife
apres enuiron deux heures de
temps dans vne fuffifante quantité d'eau de pluïe, il faut referuer

cette décoction, puis apres mettre les Ecreuisses dans vn alambic
de terre, & les distiler iusques à ce
qu'il ne monte plus rien, reseruez
cette liqueur ; pour lors calcinez
ce qui reste au fond de l'Alembic,
& le reduisez en cendre par le re-
uerberatoire, desquelles cendres
vous tirerez le sel auec vostre premiere décoction, filtrez ce sel, &
luy ostez toute son humidité su-
perfluë, & sur ce sel qui vous re-
stera fixe, versez la liqueur que
vous auez tirée par distillation, &
mettez cela dans vn lieu humide,
comme en fumier, afin qu'il pour-
risse, & dans peu de jours vous
verrez dans cette liqueur de petites Ecreuisses se mouuoir, & qui
ne seront pas plus grosses que des
grains de millet ; Il les faut nourrir deüement auec du sang de
Bœuf, jusques à ce qu'elles soient
paruenués à la grandeur d'vn bouton, ou d'vne noisette. Apres il

les faut mettre dans vn auge de
bois, remply d'eau de Riuiere &
de sang de Bœuf, renouuellant de
trois iours l'vn ladite eau & sang,
& de cette maniere vous pourrez
leur donner telle grandeur que
voudrez.

Tous ces phenoménes me donnent occasion, & me conduisent
mesme l'esprit & la plume pour
vous dire quelque chose touchant
la Resurrection des corps humains. Là nous trouuerrons vne
réedification ferme & solide. Car
iusques icy, ie crois que nous
nous sommes trompez au laby-
rinthe de la matiere, qui est tellement mouuante & passagere,
qu'elle ne se voit iamais en vn pareil estat; Aussi Iob rapporte ces
parolies fort à propos, quand il
veut parler de l'estat de l'homme,
viuant dans le Monde. Quand
nons aurons, dit-il, dépoüillé nostre fragilité terrestre, nous nous

reueſtirons de l'immutabilité ſus-
naturelle, & non ſeulement, tant
que l'ame ſera ſeparée de ſon
corps, mais auſſi quand de rechef
elle s'y reünira, & cette nouuelle
chair) participera de l'eſtat glo-
rieux de l'ame, dont il ſera fidelle
compagne dans l'eternité ; mais
pourquoy eſt-ce que i'ay dit icy
nouuelle chair? c'eſt que ie con-
ſidere les nouuelles puiſſances &
qualitez que l'ame aura pour lors
acquiſes ; car d'ailleurs le corps
que nous poſſederons en l'Eternité, ſera le meſme réellement &
en ſubſtance, tel, que nous
poſſedions lors que nous viuions
ſur la terre ; mais ſi quelque
Cannibale auoit deuoré le corps
d'vn homme, & l'eut conuer-
ty en ſa propre ſubſtance, l'vn
& l'autre apparemment peut-il
reſſuſciter auec le meſme corps,
dont l'vn & l'autre joüiſſoient
auparauant ? il ſe peut & ſans

„ difficulté, car il n'y a pas plus
„ de difference en la corruption
„ de ce corps, qu'en la corup-
„ tion qui s'en feroit dans le fein
„ de la Terre. De plus, ie crois
que fi ie donnois quelque iour à
ce doute, qui a fait balancer l'efprit de plufieurs fçauans Chre-
ftiens, ie ne déplairois pas à ceux
qui ne font point touchez de cette opinion, ie trouuerois cette
occafion fort vtile & à propos
pour n'en plus douter dors-en-
auant, s'ils en eftoient perfuadez
par les raifons & par les experiences que i'ay desja alleguées, &
par celle que j'alegueray; Ie finis
donc pour ne vous pas ennuyer
dauantage, pardonnez cependant
à mon ftyie & à mon peu d'élo-
quence, pour ne pas correfpon-
dre aux merites ny aux forces de
vos beaux genies, ie feray mes
efforts pourtant, pour me faire
bien entendre fur ce fujet.

Ie ne pretends pas, Meffieurs,

vous montrer icy par quel moyen
ce grand ouurage de la Resurrection se fait, ny mesme de deter-
miner, ny d'établir qu'il se fera
par vne voye ou force naturelle,
apres que le monde sera finy d'v-
ne part, & que par l'extréme
violence du feu, toute la masse de
la matiere sera reduite en vn amas
ou chaos de cendre, ce qui se doit
ainsi faire, afin qu'elle soit disposée en sorte; que les formes par-
ticulieres soient tout à fait détrui-
tes, qu'il ne suruiue aucun estre,
& qu'il ne reste aucune action de
toute la nature. Mais j'ay dessein
de prouuer par raison, & con-
uaincre par experience, qu'il ne
peut y auoir aucune impossibilité
ny contradiction; enfin qu'il n'y
a rien qui puisse empescher que ce
grand & surprenant Mystere ne se
puisse accomplir. Ie commence-
ray donc par cette question, sçauoir ce qui peut rendre vn corps

immuable; c'eſt à dire perpetuel-
lement vn, & meſme en ſoy. Nous
ſçauons d'ailleurs que tous les
corps ſont compoſez de forme &
de matiere; en diſant cecy, que
perſonne ne croye pas que j'en-
tende qu'il y ait en ce mixte deux
entitez diſtinctes, qui ſe trouuant vnies enſemble, comme
l'eau & la farine, il s'en faſſe vn
compoſé comme le pain; mais ce
ne ſont que des notions qui ſont
fondées ſur vn réel fondement
dans l'objet, duquel ces deux
choſes reſultent; ainſi nous trou-
uons dans cet objet, ce qui ré-
pond immediatement aux notions que nous formons de ces
deux principes; ſçauoir matiere
& forme, car nous voyons que ce
qui eſt maintenant du charbon
eſtoit n'agueres du bois, ainſi
qu'il doit y auoir quelque choſe
de commun entre ces deux ſubſtances differentes; autrement il

faut accorder que la premiere
subſtance, par le changement du
feu ſe trouue aneantie, & qu'il
n'en reſte plus rien apres l'action
du feu, & que par conſequent la
derniere abſolument doit auoir
eſté creée ſans aucune matiere
precedente, qui ſerue de baſe &
fondement à cette nouuelle production, ce qui n'eſt pas vray;
nous deuons donc recourir à
quelque choſe qui ſoit commun
au bois & au feu; or ce qui eſt
commun à ces deux, n'eſt en ſoy
ny l'vn ny l'autre, mais eſt-ce qui
peut eſtre commun à celuy-cy, ou
à celuy-là, de ſorte qu'il n'eſt en
effet rien de determiné, mais qu'il
eſt vne certaine puiſſance, ou capacité d'eſtre telle choſe indiffe-
remment, & cette puiſſance ou
capacité dans les choſes eſt appel-
lée matiere, & ce qui remplit ou
met en acte cette capacité; c'eſt à
dire, ce qui fait qu'elle ſoit quel-

que chofe de determiné, c'eſt ce
qu'on appelle forme : de ſorte
que la forme eſt l'accompliſſe-
ment & la perfection, ou l'acte
du corps mixte & compoſé, qui
fait que ce corps eſt telle chofe,
& qu'il eſt vne entité, veu que la
matiere ſans la forme ne peut
auoir d'eſpece ny d'indiuiduation d'eſtre, elle n'eſt rien actuellement ny réellement, mais elle
eſt ſeulement vne capacité pour
eſtre enſuite quelque chofe, comme nous auons dit.

Ce n'eſt donc pas du coſté de
la matiere que nous deuons atten-
dre l'indiuiduation, ou l'identité
de nos corps apres la Reſurrection : La matiere eſt indifferente
pour toute forme, nulle chofe
proprement n'eſt dans la matiere,
ſinon quand la forme y a poſé ſon
cachet qui la determine alors, ſuiuant la nature & la difference de
l'impreſſion qui s'en fait ; c'eſt

pourquoy tant que la forme demeure la mesme , la chose aussi
demeure tousjours la mesme , &
la matiere semblablement , si ce
n'est qu'elle est la cause pourquoy sous le Soleil nul mixte ne
peut demeurer aucun moment
dans vn mesme estat , ny soy mesme en soy mesme ; toutes choses
Elementaires sont en vn perpetuel flux & reflux : La contrarieté des Elements les faifans agir
incessamment les vns contre les
autres , quand ils exercent leurs
mesmes forces sur les mixtes.
Cette contrarieté est la cause que
de chaque composé sortent perpe-
tuellement des tourbillons d'A-
tomes , & qu'il en suruient tout
autant pour suppléer incessamment au deffauts des premiers ;
chaque chose est comme vn Fleuue , lequel est dans vn continuel
mouuement ; car encor bien que
nous l'estimions estre aujour-

d'huy le mesme qu'il estoit hier,
cependant il est tres-veritable
qu'il n'y a pas aujourd'huy seulement vne des gouttes d'eau qui
s'y rencontroient hier : mais parce que ce Fleuue se trouue succes-
siuement , & tousjours remply
d'vne mesme & commune source
d'eau indistincte , & tousjours
semblable à soy-mesme ; ainsi ce
n'est qu'vn seul & mesme canal
aujourd'huy , comme il sera dans
cent ans, sans s'apperceuoir d'aucune alteration. Il me souuient
d'auoir veu au Iardin du Roy de
France, à Saint Germain, des Fon-
taines artificielles tres-curieuses,
entre lesquelles il y en auoit vne
qui estoit disposée de telle sorte,
que lors que l'eau tomboit en bas
dans le bassin qui estoit au fond
du canal , par où l'eau iettoit fort
haut auec impetuosité; cette mesme eau de rechef remontoit continuellement dans ce canal , d'où
elle

elle portoit , & faisoit par ce moyen vne espece de mouuement perpetuel. Le Iardinier voulant diuertir ses Spectateurs , auoit coustume d'apposer à l'orifice des tuyaux qui jettoyent l'eau, des instrumens concaues de toutes sortes de forme & figure ; tellement que l'eau se trouuant pressée & retenuë , aussi-tost que lesdites machines luy prestoient passage, elle continuoit à sortir, & representoit d'vne part la figure d'vne Cloche , d'autre part vne figure de Feurs-de-Lys , & plusieurs autres differentes figures selon la varieté des Machines, qui faisoient faire à l'eau telles postures qu'on vouloit ; il y auoit encor des Couronnes, & le reste. Or si apres auoir vû plusieurs apparitions telles que dessus; je souhaittois reuoir la premiere que le Iardinier nous auoit montré, &

H

qu'en appliquant de rechef la premiere Machine, il nous fift repre-
fenter ce que nous auions veu d'a-
bord ; pourrois-je pas auec raifon
dire que c'eft la mefme Cloche
ou Couronne que j'auois veüe
auparauant. L'eau qui fourniffoit
de matiere, tant à ces jets qu'à
ces jeux diuers, eft tousjours la
mefme eau ; Tant qu'elle fe contient dans fon grand eftang , elle
n'eft qu'vne en foy , & l'on ne
peut dire que c'eft icy vne partie,
& là vne autre partie de cette eau;
elle eft, disje , vn tout en fa maffe,
qui n'a rien en foy de diftingué:
mais fi vous en mettez quelque
gouttes dans vn vaiffeau particulier ; pour lors cette eau contenuë
dans ce verre ou vaiffeau, fera di-
ftinguée pour lors du total de ce
qui refte dans le commun refer-
uoir , femblablement pendant
que la premiere Machine qui re-

presente la Cloche, ou la Couronne, joüe pour la seconde fois,
elle fait renaiſtre vne seconde figure, qui eſt la meſme que cy-
deuant; de sorte que cette meſme
Cloche demeure tousjours vne &
meſme en soy, & l'eau qui sans
interruption, & sans ceſſer de
couler, fait que les parties qui
s'entre - ſuccedent alternatiuement, ne font qu'vne identité de
durée; car celles qui tombent
dans le baſſin remontent dans ce
tuyau, pour tomber de rechef, &
dans cette reïteration de mouue-
mant il ne paroiſt qu'vne seule figure, sans diuerſité d'accidens,
de meſme il eſt vray (quoy qu'il
ne le semble pas) qu'apres l'eſpace de soixante ans, ou enuiron,
que nos yeux, nos oreilles, & tout
noſtre corps ont duré dans ce
monde, nous sommes cependant
veritablement & réellement les

H ij

mefm es que nous eftions lors que
nous commençafmes à naiftre;
car le continuel reflux de la refpi-
ration & tranfpiration, & la re-
paration fucceffiue de l'augmentation & nutrition, n'empefchent
nullement cette identité de nous
mefme, tant que la forme par laquelle la chofe eft , demeure ce
qu'elle eft, & perfifte tousjours;
Si donc la forme de l'homme,
qui eft l'ame , demeure en foy
la mefme apres la feparation du
corps , comme auant la repara-
tion ; il n'y a pas de difficulté
pour approuuer & croire qu'elle poffedera le mefme corps ,
apres la Refurrection, qu'elle a
pendant la vie naturelle ; fi ce
corps derechef eft reftably dans
fa premiere figure humaine , &
eft tiré de la commune maffe de
la matiere dont l'homme auoit
desja vne fois emprunté ce mef-

me corps; cette matiere , disje,
n'ayant rien de foy , finon que
la forme s'vniſſe à elle , & que
cette forme la faſſe eſtre par le
moyen de cette vnion quelque
choſe , ſpecifiée & determinée;
il me ſemble que cecy eſt aſſez
clair, éuident & notable.

F I N.

www.ingramcontent.com/pod-product-compliance
Ingram Content Group UK Ltd.
Pitfield, Milton Keynes, MK11 3LW, UK
UKHW020939140726
13695UKWH00003B/1092